古老的
海   洋

化石知道生命的答案

[英] 洛蒂·多德威尔　苏珊·福尔摩斯 著　　郭昱 译

电子工业出版社·

Publishing House of Electronics Industry

北京·BEIJING

　　让我们回到两亿年多年前，回到侏罗纪开始的那个时期。那是一个与如今截然不同的世界，那时地球上以爬行动物为主，并且比它们出现以前的任何动物都大。在陆地上，恐龙已经成为霸主，而另一类爬行动物——翼龙则在天空中独领风骚。但是，如果你敢潜入海洋，就会发现另一群非常可怕的掠食性爬行动物——海洋爬行动物。你一定不想往那时的海洋中探入一个脚趾……

成群的鱼在印度尼西亚科莫多国家公园城堡岩的珊瑚礁周围游动。

潜入侏罗纪海洋

在侏罗纪之前，爬行动物就已经开始变大并取代两栖动物了。第一批恐龙出现在2.45亿年前。爬行动物不仅统治了陆地，它们还占领了海洋。海洋爬行动物是从陆地爬行动物进化而来的，并适应了水中的生活。早在侏罗纪之前，海洋爬行动物包括小型鱼龙就已经把海洋作为它们的家园了。到了侏罗纪，它们已经真正征服了海洋。海洋爬行动物高度多样化，在全球所有水域繁衍生息。

侏罗纪时期的地球看起来与今天大不相同。那时地球上的气候温暖潮湿，南北两极没有冰盖。整个地球被一个叫作盘古大陆的大洲覆盖，当时它正在一分为二。海平面比现在高，地球表面大部分被温暖的浅海覆盖，富含生命。其中，最大的浅海是远古的特提斯海，现在已经不存在了。赤道海洋覆盖了地球的大部分地区，将新生的南部冈瓦纳大陆和北部劳亚大陆分隔开来。

海洋的大部分水域都比今天温暖。它们不仅是海洋爬行动物的家园，也是其他海洋生物的家园。海底覆盖着五颜六色的珊瑚礁，而鱿鱼形态的动物和微小的浮游生物在水中漂浮。尽管侏罗纪时期的生态系统与今天存在的海洋生物大不相同，但海水与现在一样清澈湛蓝。

在这些迷人的蔚蓝色海浪下，潜伏着一群致命的食肉动物，可能比陆地上的食肉恐龙还要凶猛。侏罗纪温暖的海水为它们提供了丰盛的食物，令人惊叹的海洋爬行动物占据了主导地位。海洋中充满了被称为浮游生物的微小生物，而浮游生物又供养着丰富的海洋生物，包括长得像植物的海百合、硬壳菊石和各种鱼类。掠食性的海洋爬行动物从来没有为它们的下一顿饭发愁过。

那么，爬行动物到底是什么？它们是一群动物，就像鱼类或哺乳动物一样，在恐龙出现之前进化了千百万年。虽然爬行动物有很多种，而且它们看起来彼此非常不同，但是，我们如今所知的许多爬行动物有着相同的5个普遍特征。它们产卵，有4条腿，是冷血动物，并且有覆盖鳞片的皮肤，即使成年了，它们的骨骼也会继续生长。尽管并非每一种爬行动物都具有上述5个特征，但是它们之间都有着密切的联系，侏罗纪时期也是如此。

侏罗纪浮游生物化石

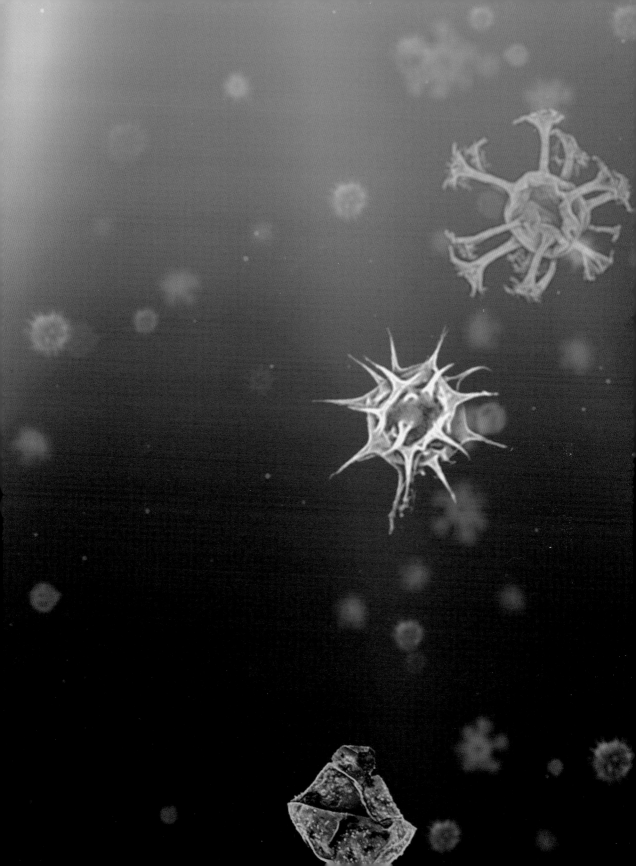

巨型两栖动物（模型）
大卫副环耳龙
三叠纪
2.35亿年前
澳大利亚

　　侏罗纪时期，像这样的巨型两栖动物已经不那么常见了。这种两栖动物大部分时间都生活在湖泊或河流中，也能在陆地上行走。

　　它似乎是被倒下的树压死的，头上有一道由树造成的裂缝。

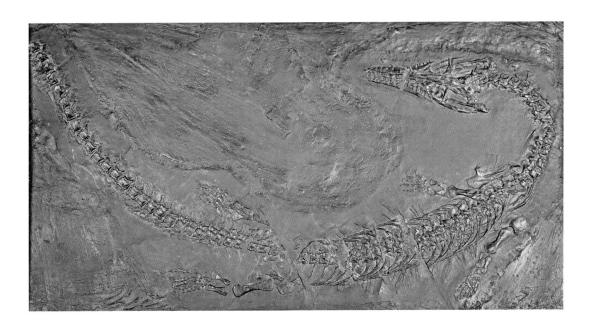

早期海洋爬行动物（模型）
意大利阿氏开普吐龙
三叠纪
2.47亿—2.25亿年前
意大利

这种小型海洋爬行动物
和其他早期海洋爬行动物
（如鱼龙）一同生活在海洋
中。它有着修长的身体和尾
巴，在水中滑行时有点像鳗
鱼。千百万年后，蛇颈龙类、
龟鳖类和海生鳄类进化成了
侏罗纪时期海洋的统治者。

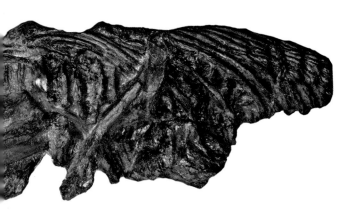

鱼龙的头骨（模型）
板齿泰曼鱼龙
三叠纪和侏罗纪
2.03亿—1.94亿年前
英国

它的体长可达9米，这是在侏罗纪时期占统治地位的最大的鱼龙之一。爬行动物在这段时间长得比以往任何时候都大——在今天的海洋里找不到这样的动物。

一个名叫约瑟夫·安宁的14岁男孩在1811年发现了这个鱼龙头骨，随后他的妹妹玛丽·安宁发现了这具骨骼的剩余部分。玛丽后来成了最著名的化石猎人之一，并且是世界上第一位发现完整蛇颈龙类骨架的人。

恐龙的脚印
禽龙科
白垩纪
1.45亿—1.25亿年前
英国

恐龙在整个侏罗纪时期都占有统治地位，并且之后继续统治了很长一段时间。这枚脚印是一只大型植食性恐龙在海边和群体一起冒险时留下的。有些恐龙会游泳，但它们不能主宰水域——海洋一直是海生爬行动物的乐园。

侏罗纪珊瑚礁
剑鞘珊瑚和等星珊瑚
1.64亿—1.57亿年前
英国

　　与现在的珊瑚礁一样，侏罗纪时期的珊瑚礁也可能是各种小鱼、螃蟹等甲壳类动物和海洋爬行动物幼崽的乐园。但是，随着大陆的移动和温度的变化，珊瑚礁也发生了变化，生长出新的区域，吸引了不同的动物。

藻类
侏罗管孔藻
侏罗纪
1.68亿—1.66亿年前
英国

　　这种海生植物生长在浅
海床的土堆里，覆盖着海底，
就像现在人们在海岸边发现
的海藻毯一样。它为蠕虫和
牡蛎等动物提供了赖以生存
家园。在化石中很少能保存
下颜色，但这个是源自红藻
原始颜色的天然粉红色。

　　海藻像一棵树一样呈爆
发式生长，所以每条色彩斑
斓的纹理都是一个新的生长
季的证明。你能数出有多少
季吗？

贝壳
石灰嘴贝
侏罗纪
1.99亿—1.83亿年前
英国

构成这些贝壳的元素表明，侏罗纪时期这些生物生活的许多海洋都比今天的海洋更温暖。像氧这样的元素有轻的和重的同位素。在凉爽的气候下，重氧同位素在海水中更为常见。在这些贝壳中发现的重氧同位素较少，表明它们生活的海洋是温暖的。

侏罗纪海百合
五角海百合化石
侏罗纪
1.93亿年前
英国

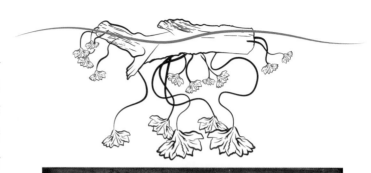

它们看起来可能有点像植物，但实际上是一种叫作海百合的动物，与海星有着远亲关系。这种海百合会附着在浮木上漂浮在水中。因为侏罗纪时期吃木头的船蛆较少，所以浮木在沉入海底之前漂浮的时间要比现在长得多。这使得成群的海百合可以把浮木当作自己的家。海百合腕足的分支上覆盖着黏稠的黏液，用来捕捉微小的食物颗粒，如浮游生物，并将它们吸入胃中。迄今为止，人们发现的身体最长的海百合其身长有22米（72英尺），可能超过100岁（侏罗纪时期）。

羽毛星
本氏羽毛星
现代
彩虹礁
斐济

现在大多数海百合（比如羽毛星）可以四处移动，不会永久地附着在任何东西上。在浅水区可以找到这种海百合。白天海百合爬到岩石的角落里躲避捕食者，然后在安全的夜晚进食。

侏罗纪马蹄蟹
沃氏中鲎
侏罗纪
1.5亿年前
德国

　　鲎最早在4.8亿年前就
开始在海底行走，但人们只
知道有一组存活到侏罗纪。
虽然它们看起来像螃蟹，但
实际上它们与蝎子和蜘蛛的
关系更为密切。

马蹄蟹
中华鲎
现代
中国的海域

现在的鲎是侏罗纪马蹄蟹幸存的后代。这些成功的食腐动物被称为活化石。它们坚硬的盾状外壳和长长的尾刺，看起来很像它们亿万年前的祖先。马蹄蟹之所以能存活这么长时间，其中一个可能的原因是它们有蓝血——蓝血凝结得很快，这意味着它们经常能在可以杀死其他动物的伤口下存活下来。

马蹄蟹
美洲鲎
现代
新泽西州特拉华湾
美国

————————————

　　每年都有数以百万计的马
蹄蟹从海里来到海滩上产卵。

古老的颌

尽管已经繁衍了两亿多年，但鲨鱼仍然不是侏罗纪海洋的顶级食肉动物。鲨鱼属于软骨鱼——鲨鱼有一个由软骨组织构成的灵活骨架。它们的骨骼中只有牙齿、保护性的鳍刺和覆盖在皮肤上的成千上万的小鳞片不是由这种柔软的软骨构成的。这些坚硬的部分往往是古代鲨鱼唯一保留下来的痕迹。侏罗纪时期的海洋是许多不同种类的鲨鱼的家园。侏罗纪时期的鲨鱼只有几米长，并不是最大的食肉动物。海洋爬行动物在体形和凶猛程度上都超过了鲨鱼，是统治这片水域的顶级捕食者。

在早侏罗世，已知的最古老的现代鲨鱼类群——六鳃鲨出现，随后在侏罗纪的其余时间出现了大多数现代鲨鱼类群。此时，鲨鱼进化出了灵活、突出的颌，使它们能够吃掉比自己大的猎物，也进化出了速度更快的游泳能力。为了帮助自身在水中快速穿行，鲨鱼的皮肤上覆盖着数千个被称为细齿的小鳞片。这些小鳞片都指向同一个方向，把水引离身体，就像现在的鲨鱼一样。

一种曾经似乎进化得特别成功的动物是弓鲛。这种现代鲨鱼的近亲是在世界各地的浅海中发现的。它能长到3米长，捕食鱼类和海洋爬行动物，如幼年鱼龙。虽然弓鲛已经进化出了能让它游得更快的尾鳍，但它们仍然需要努力抵御更大、更凶猛的生物。对于像滑齿龙这样的大型海洋爬行动物来说，弓鲛只是一种美味的小吃。为了保护自己不被攻击，它们的两个背鳍前有尖锐的刺，这使它们难以被吞咽。即使在今天，一些像澳大利亚虎鲨这样的小鲨鱼也有类似的鳍刺来保护自己不被吃掉。

在侏罗纪以后的几千万年，当海洋爬行动物灭绝以后，鲨鱼终于能够登上顶级掠食者的宝座。有史以来最大的鲨鱼巨齿鲨生活在2 000万年前，在360万年前灭绝。这种可怕的食肉动物可以长到18米长——是现代大白鲨体长的3倍。它们有一排排锯齿状的牙齿和可以折断骨头的咬合力。它3米宽的颌大到足以从鲸身上切下大块肉。

尽管如今没有一条鲨鱼的体形和力量能与巨齿鲨相提并论，但鲨鱼仍然是世界上最成功的食肉动物之一。它们在生态系统中扮演着至关重要的角色，维持着食物链中低于它们的物种的数量，并与其他捕食者竞争，从而阻止任何一个物种完全掌管海洋。这种平衡确保了海洋仍然充满生机。

侏罗纪鲨鱼牙齿

鲨鱼牙

斜耳齿鲨

始新世

5600万—3400万年前

摩洛哥

牙齿往往是古代鲨鱼留下的最大的东西。这是因为鲨鱼的骨骼大多是软骨，软骨比正常的骨头软，很少能作为化石被保存下来。

大白鲨的颌
大白鲨
现代
澳大利亚

这是现代大白鲨颌的一部分，上面有一排排的牙齿。就像它们侏罗纪时期的亲戚一样，现在的大白鲨可以替换整副牙齿。它们可以每一两周替换一次，这样就可以在一生中替换多达40 000颗牙齿！现在的大白鲨体形可以长到侏罗纪鲨鱼的两倍大。

这些坚硬扁平的牙齿非常适合侏罗纪的小型鲨鱼尖角鲨碾碎晚餐。与大多数现代鲨鱼不同，尖角鲨以牡蛎和贻贝等带壳海洋生物为食。它用颌前部的尖牙咬住它们，然后用嘴后部这些扁平的牙齿压碎它们的壳。

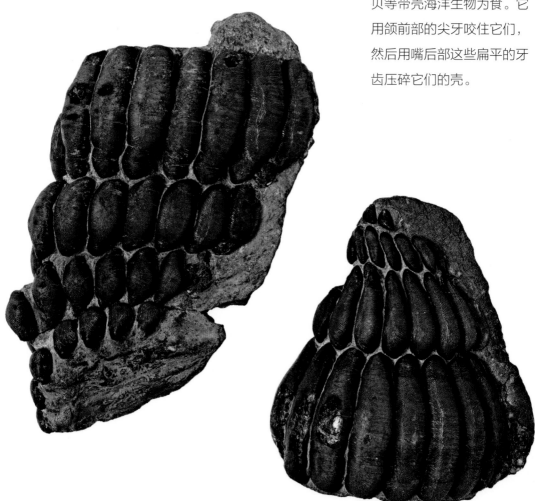

澳大利亚虎鲨的颌
澳大利亚虎鲨
现代
澳大利亚

　　虽然澳大利亚虎鲨不是侏罗纪尖角鲨的直系后代，但它们的牙齿非常相似，我们可以据此了解它可能吃了什么。澳大利亚虎鲨生活在海底，用它们扁平且圆、可用来碾磨的牙齿吃贝类。

侏罗纪鲨鱼
侯氏弓鲛
侏罗纪
1.83亿—1.74亿年前
德国

弓鲛有令人印象深刻的听觉、视觉和嗅觉。它们能探测到
其他动物肌肉发出的电磁信号，这些信号会告诉弓鲛有捕食者
或猎物接近。

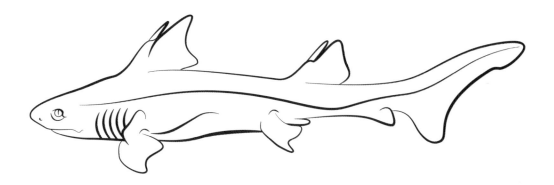

鲨鱼鳍刺
尖角鲨
侏罗纪
2.01亿—1.74亿年前
英国

锋利的鳍刺是侏罗纪的鲨鱼抵御大型凶猛海洋爬行动物的最佳工具。弓鲛和尖角鲨背部有两根大刺。除非足够小心，否则试图啃咬这些鲨鱼的食肉动物最终可能被一根锋利的刺扎穿喉咙。

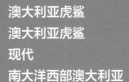

澳大利亚虎鲨
澳大利亚虎鲨
现代
南大洋西部澳大利亚

　　如今，像这条澳大利亚虎鲨这样的小鲨鱼用背上的鳍刺保护自己，就像侏罗纪时期的鲨鱼一样。

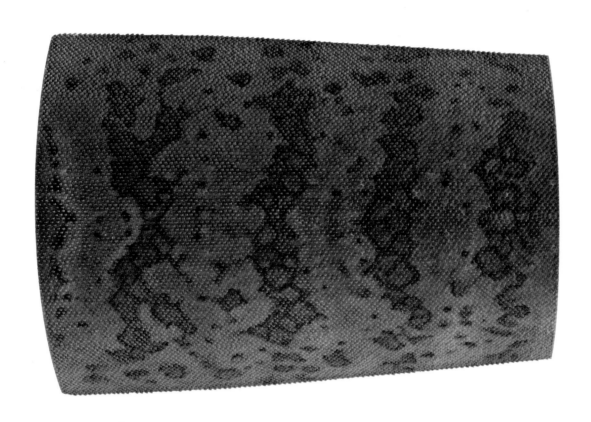

侏罗纪鲨鱼皮
复制品

　　就像现在的鲨鱼一样，侏罗纪时期鲨鱼的皮肤上覆盖着
成千上万的小鳞片。这些小鳞片都指向同一个方向，这有助
于鲨鱼游得更快，因为水很快就从鲨鱼身上流下来了。这就
是为什么如果你从头到尾抚摸鲨鱼会感觉很光滑，但是，如
果你朝相反方向抚摸鲨鱼会感觉粗糙。

巨齿鲨牙齿
巨齿鲨
新近纪
2000万—360万年前
美国

　　这颗牙齿属于一条巨齿鲨。这个令人敬畏的猎人生活在侏罗纪百万年之后，几乎是大多数侏罗纪鲨鱼的10倍大。它的咬合力是所有已知动物中最强的——是人类的100倍！

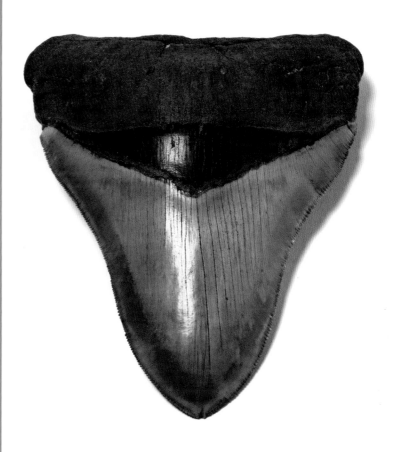

有巨齿鲨攻击痕迹的鲸鱼骨
鲸鱼和巨齿鲨
新近纪
2000万—360万年前
美国

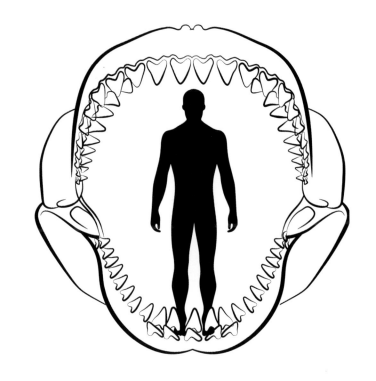

　　你能看到这根鲸骨上面
被巨齿鲨袭击留下的痕迹
吗？如果你仔细观察，甚至
可以看到这条痕迹就位于牙
尖后面（见下一页），而牙
尖就卡在毫无防备的受害者
的骨头里。不过，这并不会
对巨齿鲨造成困扰，因为它
可以长出新的牙齿来替换掉
落的任何一颗牙齿。

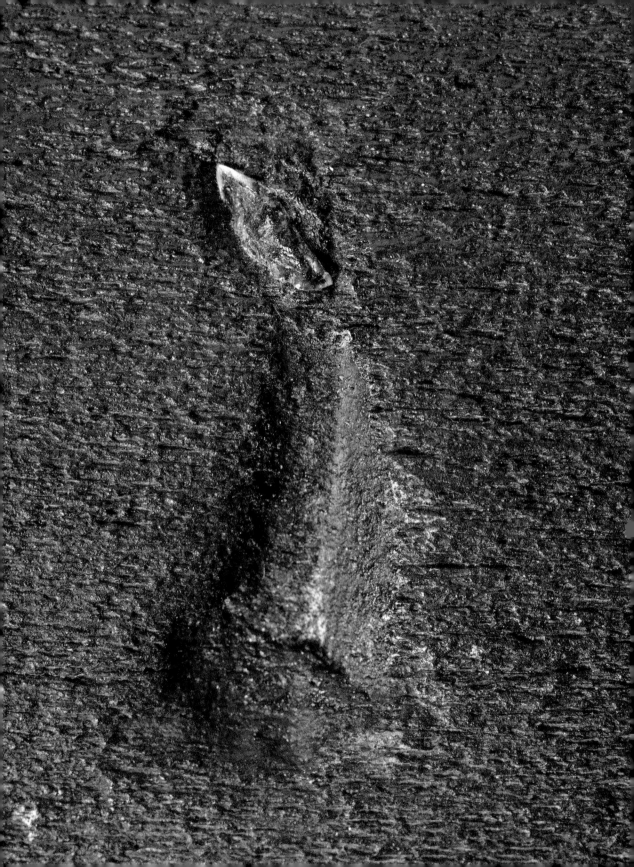

水里的鱼腥味

鱼类在侏罗纪时期就开始在浮游生物丰富的海洋中繁衍生息，并为大量大型食肉动物提供充足的食物。就像它们的现代后代一样，它们的体形和大小千变万化——从缓慢游动的温和的"巨人"利兹鱼、伪装的鳐鱼到覆盖着坚硬鳞片的小鱼，应有尽有。鱼类是各种海洋生物的主要食物，包括爬行动物、鲨鱼和其他同类。甚至有些恐龙也喜欢吃鱼，并把时间花在沿海岸线打猎上。与此同时，渴望捕捉美味的飞行的翼龙也会俯冲到海面捕鱼。

为这些食肉动物提供即食食物的是硬骨鱼的两大主要类群。辐鳍鱼类有由骨质辐鳍支撑的皮肤网组成的鳍，而肉鳍鱼类有一对通过一根骨头与身体相连的肉质鳍。这两个类群在侏罗纪之前就已经存在了超过两亿年，并且已经演化出许多不同的物种。侏罗纪最常见的鱼类之一是平齿鱼。这种中等大小的硬骨鱼类用它强壮的颚，以及扁平的鹅卵石般的牙齿压碎贝类和小鱼。像许多侏罗纪鱼类一样，它们身上覆盖着坚硬的珐琅质鳞片，以保护自己免受食肉动物（包括海洋爬行动物和食鱼恐龙）锋利刺骨的牙齿的伤害。但是，由于它们的鳞片被发现保存在粪化石中（各种捕食者的粪便化石），显然它

们的防御性盔甲并不是完全保险的。

与可怕的海洋爬行动物相比，最大的侏罗纪鱼类利兹鱼更像是一个温和的巨人。这种硬骨鱼依靠吃掉海洋中一些微小的生物就能长到9米长。就像今天的姥鲨一样，它们是巨大的滤食者，可以张开嘴从水中筛出大量的浮游生物。如果缺乏凶狠的啃咬，这种大小的鱼很容易受到像滑齿龙这样的大型海洋爬行动物的攻击。

除了种类繁多的硬骨鱼，侏罗纪时期的水域还栖息着软骨鱼类，例如鳐鱼，这类鱼在这一时期演化形成。与硬骨鱼不同的是，鳐鱼拥有由软骨组成的灵活骨骼，就像它们的近亲鲨鱼一样。软骨比硬骨要柔软得多，人的鼻子就是由这种软骨构成的，它可以方便人们左右摆动鼻子。

考虑到在侏罗纪时期鱼类栖息于地球上所有的海洋中，并成了食物链的重要组成部分，那么其中一些鱼类甚至一直存活到今天也不是不可能的。

侏罗纪的鱼

侏罗纪鱼类
曼特尔申斯蒂鱼
侏罗纪
1.45亿年前
英国

人们在重爪龙的胃中发现了类似这种鱼被部分消化的鳞片。显然，被厚厚的珐琅质鳞片覆盖，并不总能保护它们免受重爪龙利爪的伤害。

侏罗纪鱼类牙齿
曼特尔申斯蒂鱼
侏罗纪
1.45亿年前
英国

　　这些圆齿在鱼口内上颚上。它们特别适合压碎软体动物，如贻贝和海胆。这条鱼会通过快速地将上颌骨向外推，使嘴巴变大，把猎物吸进嘴里。

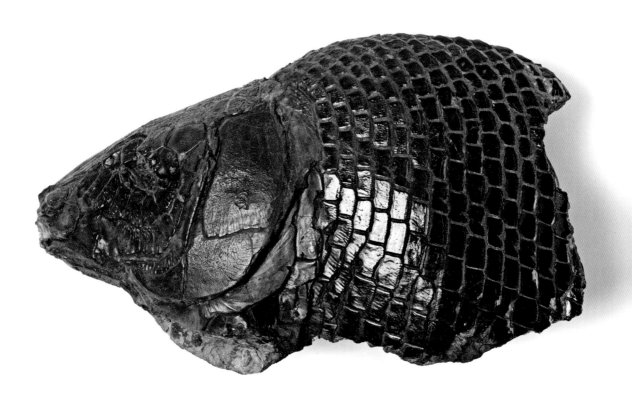

侏罗纪鱼类
曼特尔申斯蒂鱼
侏罗纪
1.45亿年前
英国

你能看到鱼鳞上的这些线吗？当鱼逆着波浪游动时，这些线可以使水保持向同一方向运动，帮助鱼更快地在海水里穿梭。

恐龙爪（模型）
沃克氏重爪龙
白垩纪
1.33亿—1.25亿年前
英国

这只巨大的爪子属于一种名为重爪龙的食鱼恐龙。重爪龙会蹲在水边等待，准备刺穿一条鱼，再撕开它的身体。重爪龙有着长长的吻部和锋利的牙齿，可以咬住滑溜溜的晚餐，非常完美地适应了自己的食性。

翼龙（模型）
风翼龙
侏罗纪
1.52亿年前
德国

当像这样的翼龙俯冲到水面上时，可能是在寻找鱼群。它们的牙齿向前长，非常适合抓住滑溜溜的游泳者。这些会飞的爬行动物喜欢吃鱼，偶尔也吃一些小昆虫。这只翼龙是以"口袋妖怪"的角色被命名为"化石翼龙"的。"化石翼龙"有浅紫色的皮肤和紫色的翅膜。不过，真正的翼龙不太可能是紫色的！

真骨鱼
尖吻剑鼻鱼
侏罗纪
1.45亿年前
德国

　　这种快速游动的鱼经常
在海洋中呼啸而过，追逐食
物，躲避掠食者。剑鼻鱼会
在海面附近捕猎，可能与低
飞的翼龙一样是在浅滩追
逐小鱼。在发生致命的碰撞
后，它们甚至被发现缠绕在
翼龙的翅膀上。

侏罗纪鱼头
平齿鱼
侏罗纪
1.95亿年前
英国

鱼
高茎鱼
侏罗纪
1.5亿年前
英国

在侏罗纪时期的海洋中，平齿鱼是最常见的鱼类之一。平齿鱼会用其强壮的颌缓慢地压碎贝壳和小鱼，以此来进食。它们有鳞的身体很纤细，这意味着鱼龙或海生鳄类这样的食肉动物很容易错过从眼前游过的一顿美食。

高茎鱼可长到1米长，其体形是为提高游泳速度而构建的。高茎鱼可以在海洋中快速穿行，用其有力的尾巴在水面上推动自己前进，在很长一段时间内保持较快的前进速度。

软体动物
异脊尖嘴蛤
侏罗纪
2亿—1.9亿年前
欧洲

平齿鱼喜欢吃异脊尖嘴蛤，这些软体动物有点像牡蛎和贻贝。平齿鱼用嘴前部的尖牙把它们从泥泞的海底捡起来，其口腔后部扁平的、鹅卵石状的牙齿可以打破这些软体动物薄薄的壳，从而吃到软体动物内部美味、柔软的身体。

尾鳍
利兹鱼
侏罗纪
1.66亿—1.63亿年前
英国

利兹鱼的食性与现在的蓝鲸相似，是侏罗纪时期一种温和的巨鱼，它们会张开嘴从水中筛出大量微小的浮游生物。这种大小的尾巴意味着特殊的利兹鱼有9米长，是侏罗纪时期最大的鱼。

鱼
索氏异鳞齿鱼
三叠纪到侏罗纪
2.08亿—1.9亿年前
英国

　　索氏异鳞齿鱼这种大鱼在侏罗纪时期生活在特提斯海中，现在已经不存在了。在侏罗纪时期，随着盘古大陆一分为二，更多的陆地被温暖的浅水覆盖，为这些鱼提供了完美的生存环境。

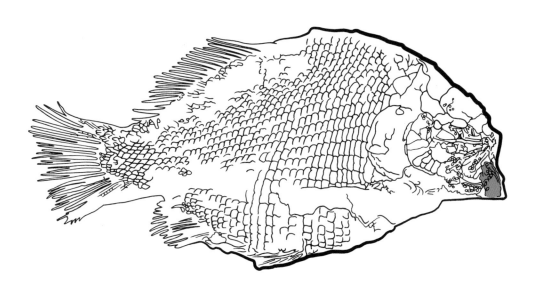

鱼
叉鳞鱼
侏罗纪
1.66亿—1.52亿年前
英国

这种身手敏捷的鱼身上覆盖着坚硬的鳞片，像拼图一样拼凑在一起，在侏罗纪时期的水域很常见，它们会在那里寻找小鱼吃。但它们必须谨慎，爬行动物捕食者经常猎杀它们——人们在鱼龙粪便中发现了其鳞片残骸。

被自己的晚餐杀死的鱼
平齿鱼和多赛特鱼
侏罗纪
1.95亿年前
英国

你能看到一条小鱼的头被卡在大鱼的嘴里吗？这种平齿鱼胃口很大，所以它们会把可移动的颌向前推以捕捉猎物。但是，这次这条平齿鱼的晚餐有点大，结果使它窒息而死！

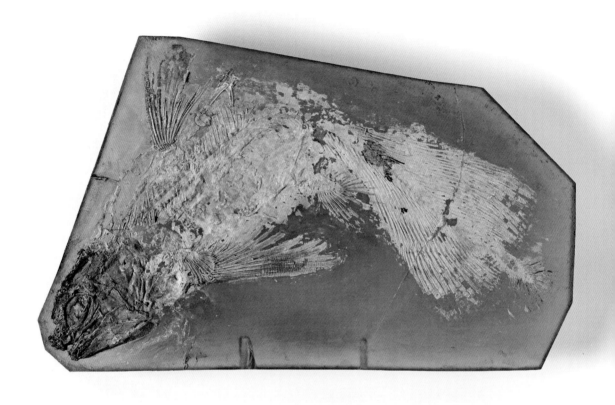

腔棘鱼
球点皮鱼
侏罗纪
1.5亿年前
德国

腔棘鱼在4亿年前首次出现，并在侏罗纪继续繁衍。人们曾经认为腔棘鱼已经灭绝，直到1938年，一位名叫马乔里·柯特内·拉蒂默的博物馆馆长发现了一条在南非海岸附近被捕获的腔棘鱼。

腔棘鱼
矛尾鱼
现代
科摩罗岛

自侏罗纪以来，现代腔棘鱼几乎没有什么变化，看起来仍然和它们的祖先非常相似。

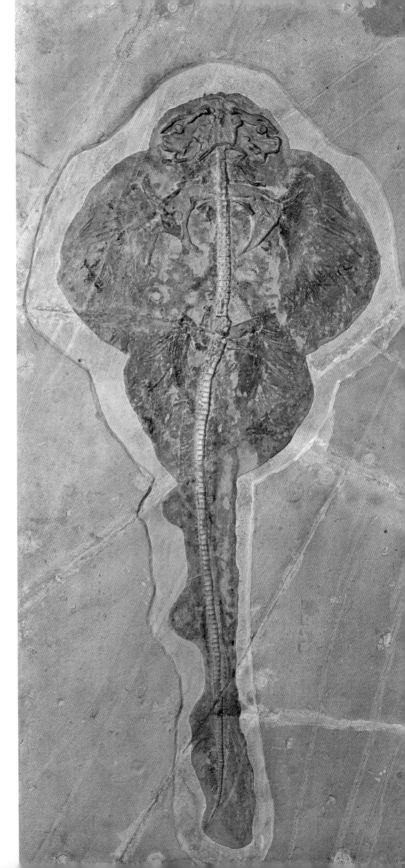

侏罗纪鳐鱼
伪圆犁头鳐
侏罗纪
1.61亿—1.45亿年前
德国

鳐鱼最初是在侏罗纪时期出现的。右图展示的是雌性鳐鱼——它的尾巴上没有雄性用来交配的两个钩子。它们会平躺在海底等待着袭击过往的猎物，就像现在的鳐鱼一样。

南部黄貂鱼
现代
加勒比海

———————

　　这些黄貂鱼的菜单上有海底的螃蟹和对虾，就像它们的近亲鲨鱼一样。鲨鱼的骨骼是由软骨构成的，而软骨正是和人类鼻子的软组织相似。侏罗纪的鳐鱼看起来很像现代鳐鱼，但我们不知道它们的身体里是否有刺。

洋爬行动物真正控制水域的时期。

鱼龙是海洋中游动速度最快的动物，可以在水中轻松地滑行。它们利用4个"桨"和一条有力的尾巴可以达到40千米/时的游动速度。这与世界短跑纪录保持者博尔特的奔跑速度差不多！鱼龙的许多种类在大小上变化如此之大，以至于一些体形较大、较凶猛的鱼龙甚至捕食同类中最小的鱼龙。这些多才多艺、拥有流线型身形的猎人享受着各种食物来源，统治了海洋1.6亿年。

巨大的海龟看起来很像我们认识的现在的那些海龟，它们是海洋鳄形类动物的美食。尽管有亲缘关系，但侏罗纪的海洋鳄鱼并不是现在鳄鱼的直接祖先，它们有些被骨鳞覆盖，可以长到7米长，而另一些则较

位置。它们能准确地找出水中的血迹。蛇颈龙的脖子最长可达7米，相当于两辆停着的汽车的长度！

但是侏罗纪最顶级的食肉动物是上龙类。长到15米长的成年上龙几乎可以吃任何在海里游泳的动物——鱼、鲨鱼、鱼龙、海鳄，甚至小蛇颈龙都在它们的菜单上。上龙类有着肌肉发达的脖子和能撕下肉的咬合力，像滑齿龙这样的上龙类都不咀嚼它们的食物。一旦抓到猎物，它们就紧紧地咬住猎物，四处翻腾，把大块的肉撕下来。这些可怕的猎人脖子很短，很大的颌上面布满了神经，以探测附近在水中的移动猎物。

鱼龙类

鱼龙头骨
普通鱼龙
侏罗纪
1.96亿—1.83亿年前
英国

———————————

　　鱼龙类的爬行动物都有一双非常大的眼睛，可以在黑暗的海洋深处捕猎和监视捕食者。它们长长的口鼻部长着一排锋利的牙齿，可以吞食大量的鱼和鱿鱼类动物。人们将鱼龙的大脑与现代爬行动物和鲸的大脑进行比较，发现鱼龙有很大的区域专门用来处理运动、视觉和嗅觉。图中这种鱼龙是一种行动迅速的食肉动物，视力好，嗅觉发达。

鱼龙
普通鱼龙
侏罗纪
1.96亿—1.83亿年前
英国

　　这条鱼龙不是特别大，在只有几岁的时候它就死了。如果它能活得更久，它会继续生长。与人类和大多数其他动物不同，爬行动物在成年后不会停止生长。

鱼龙的鳍状肢
鱼龙
侏罗纪
2亿—1.9亿年前
德国

　　鱼龙靠它们的大尾巴提供动力在水中穿行，用它们的鳍状肢来扭动身体进行转向。它们的每一条鳍状肢内都有3~10排骨头，有点像其他动物的手指（脚趾），即使是同一种类的鱼龙，其排数也各不相同。

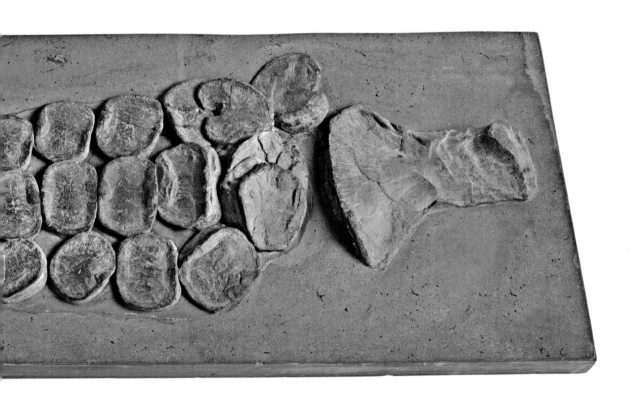

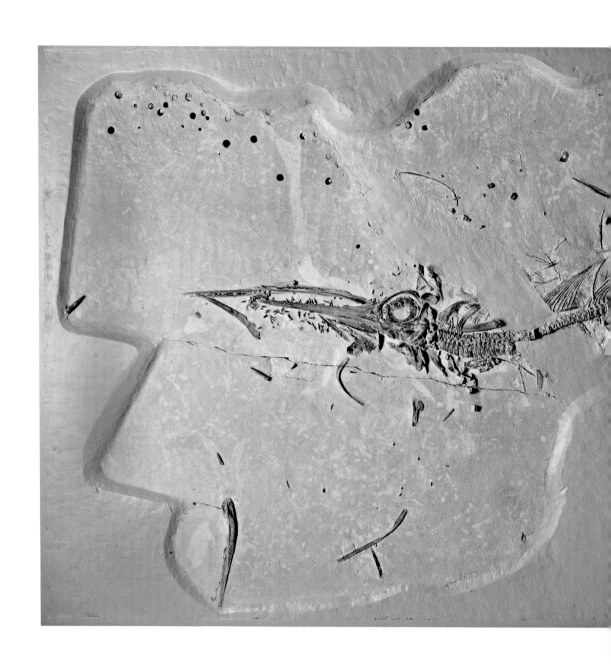

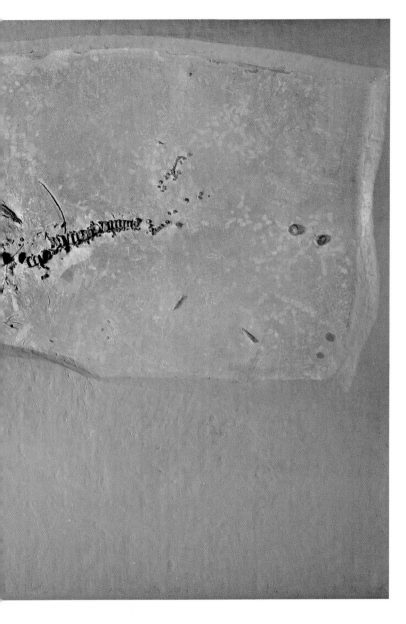

鱼龙和箭石
普通鱼龙
侏罗纪
1.96亿—1.83亿年前
英国

在这条鱼龙的骨头周围散落着一些箭石的遗骸。这些像乌贼一样的动物可以为鱼龙提供一顿可口的餐食，是鱼龙重要的食物来源。箭石柔软可口的身体可能含有高蛋白，因此对鱼龙来说，它是一种很好的、高能量的食物。

怀孕或吃饱的鱼龙
狭翼鱼龙
侏罗纪
1.83亿—1.82亿年前
德国

你能看到这只鱼龙胸腔前面黑色的圆形斑块吗？这是它最后一顿饭的残骸，还有一种爬行动物的骨头——可能是一种小型鱼龙。据此可以推测，要么这只小鱼龙是它最后一顿饭的一部分，要么这只大鱼龙死的时候怀孕了。鱼龙的胃里有其他动物的残骸，比如鱼，这都是在它死前不久吃的。

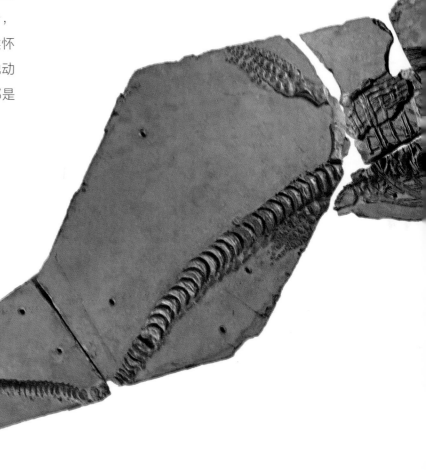

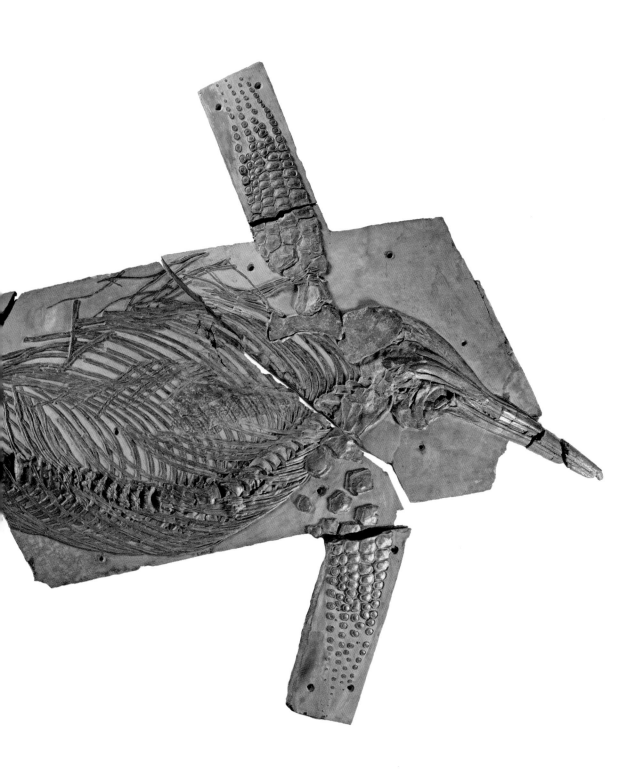

宽吻海豚
现代
北海

如今在海洋中快速游动的海豚的体形与侏罗纪的鱼龙相似。虽然海豚是哺乳动物，而鱼龙是爬行动物，但是它们都拥有光滑、流线型的身体，可以在海洋中茁壮成长。

宽吻海豚
现代
小笠原群岛
日本

　　鱼龙和海豚看起来非常相似，但是有一个很大的区别。海豚有一条上下甩动的水平生长的尾巴，而鱼龙有一条左右甩动的垂直生长的尾巴。尽管鱼龙是爬行动物，海豚是哺乳动物，但是它们有许多相似的特征。比如，它们都是游动速度很快的温血动物；它们在水中生孩子；它们喜欢吃鱼或鱿鱼之类的动物。

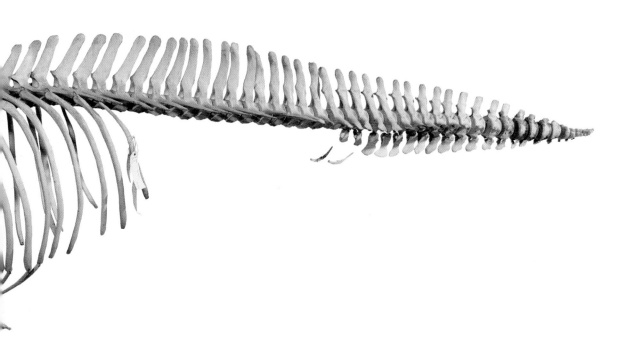

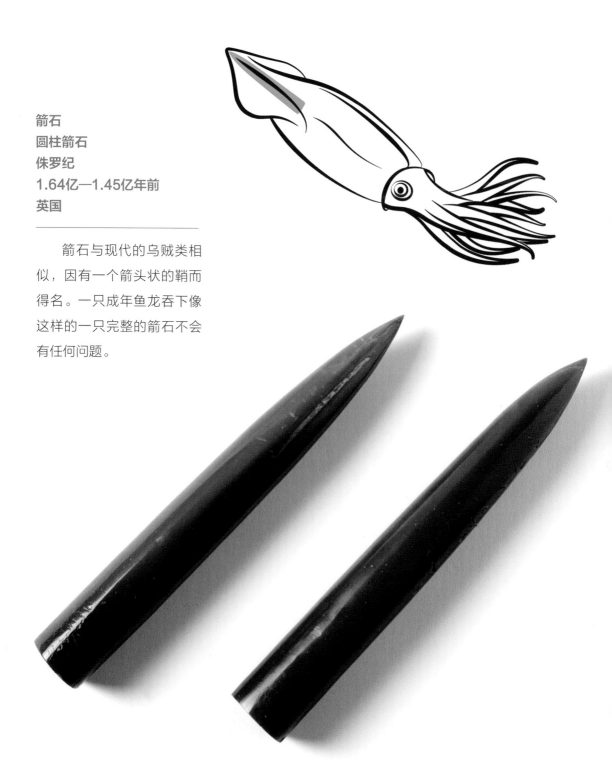

箭石
圆柱箭石
侏罗纪
1.64亿—1.45亿年前
英国

箭石与现代的乌贼类相似，因有一个箭头状的鞘而得名。一只成年鱼龙吞下像这样的一只完整的箭石不会有任何问题。

鱼龙的眼睛
鱼龙
侏罗纪
2亿—1.9亿年前
英国

当鱼龙潜得更深去猎捕像鱿鱼一样的生物时，水体的压强给它们的眼睛带来了很大的压力。这就是为什么它们有着强大的眼窝，并且眼睛内有骨头，以防止眼睛膨胀和爆炸。现在的鸟类也有这样的骨头，以帮助它们在飞行时应对空气压强。

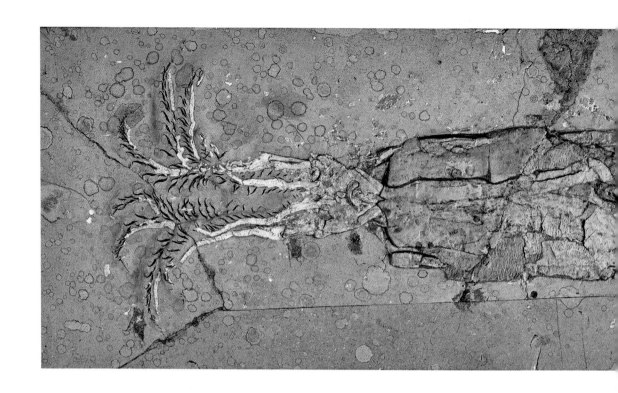

类似鱿鱼的动物
古箭乌贼
侏罗纪
1.66亿—1.63亿年前
英国

人们在鱼龙的胃中发现了类似鱿鱼的动物身上的钩子。
这种动物会为海洋爬行动物提供一顿简单而有规律的晚餐。
就像现在的鱿鱼一样，它们可以在一团"黑墨水"中消失。

大王酸浆鱿的触手
大王酸浆鱿
现代
南极水域

大王酸浆鱿比侏罗纪存在的任何类似物种都要大得多，是当今世界上最大的鱿鱼。图中大王酸浆鱿的触手是在抹香鲸的胃里发现的。大王酸浆鱿可能是侏罗纪似鱿鱼动物的后代吗？这可能没有特别确定的答案，因为古代似鱿鱼的身体柔软的动物很少作为化石被保存下来。

鹦鹉螺
中间新生角石
侏罗纪
1.95亿—1.9亿年前
英国

在侏罗纪的海洋中，有非常多的鹦鹉螺类动物在游动，它们有可能成为鱼龙等大型食肉动物的快餐。在鱼龙的胃里经常可以找到鹦鹉螺类动物壳的残骸。

鹦鹉螺
平新生角石
侏罗纪
1.74亿—1.66亿年前
英国

你能看见一根盘绕的管子穿过这个壳每个腔的中间吗？这根管子用来帮助鹦鹉螺上浮或下沉。鹦鹉螺会控制腔室中的水量——当它们充满水时，鹦鹉螺就会下沉；但当水被排出时，腔室内充满了空气，鹦鹉螺就会上浮。

鹦鹉螺
波角石
白垩纪
1.25亿—1.13亿年前
马达加斯加

生活在这个壳里的软体动物是大受鱼龙欢迎的食物。波角石
倒着游泳，寻找自己的食物，找到食物后用触手将其拖到尖
锐的喙中。它们的眼睛结构非常简单，没有晶状体，这就是
它们需要这么大眼球的原因——方便聚焦。

珍珠鹦鹉螺
现代
印度—太平洋水域

鹦鹉螺在侏罗纪之前就已经存在了上亿年，因为至今它们仍然存在，所以常被称为活化石。它们的近亲菊石在造成恐龙灭绝的事件中也灭绝了，但鹦鹉螺成功地存活了下来。鹦鹉螺的软体只在壳的最后一个腔室里，其他的腔室用于调节浮力以帮助它们游泳。

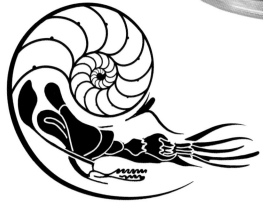

菊石
帕金森菊石和钉菊石
侏罗纪
1.9亿—1.66亿年前
英国

　　这些软体动物是鱼龙最喜欢的食物。它们软软的身体看起来有点像鱿鱼或章鱼。菊石壳有各种形状和大小，有刺或脊，可能有助于它们抵御其他动物的攻击。有些雌性菊石的体形比雄性菊石大4倍。

菊石
弛菊石
侏罗纪
1.9亿—1.85亿年前
英国

　　这个菊石外壳上的大脊可能有加固壳体的作用。这可能是一种防御措施，使鱼龙或其他食肉动物难以咬住壳体并吸出菊石柔软的身体和触手。

菊石
侏罗纪
2.01亿—1.45亿年前
马达加斯加

　　菊石在水中倒着向后游动，捕猎海百合、小鱼、螃蟹和虾等。它们会用柔软的触手般的腕抓起食物，然后把食物放进勺子状的嘴里。

海生鳄
纤细脊鳄
侏罗纪
1.52亿—1.45亿年前
德国

　　这种小小的海洋鳄鱼在侏
罗纪的海洋中主要捕食鱼类和
似鱿鱼动物。它们的皮肤很光
滑，有点像鲸。通过保存下来
的化石，人们可以了解海生鳄
的身形，因为其骨骼周围的软
组织被保存了下来。

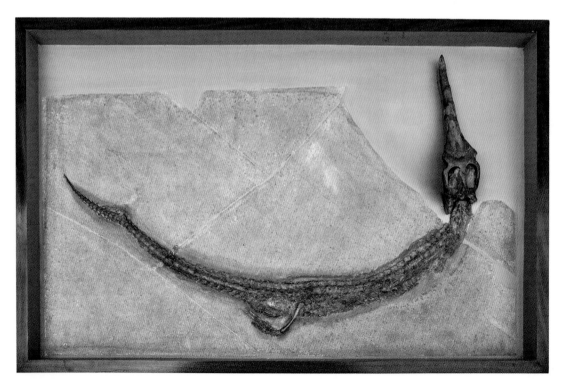

海生鳄（模型）
远洋鳄
侏罗纪
1.83亿—1.74亿年前
法国

　　海生鳄生活在侏罗纪时期的浅海中，分布的地区覆盖了现在的英国、法国和德国，外形看起来有点像现在的恒河鳄。海生鳄的头和前腿都比较小，但就像现在的恒河鳄一样，它们用长长的布满尖牙的嘴捕鱼。

海生鳄头骨
利兹纤细泳鳄
侏罗纪
1.74亿—1.45亿年前
英国

　　这种鳄鱼无法离开水，只能在海中度过一生。与其他鳄鱼不同的是，它们在水中直接产下幼鳄，而不是在陆地上产卵。它们看起来更像鱼龙或海豚，而不是像鳄鱼。它们的牙齿非常适合吃小鱼或柔软的似鱿鱼动物。

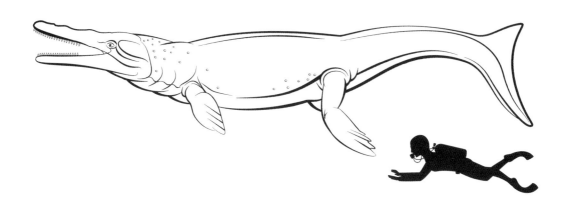

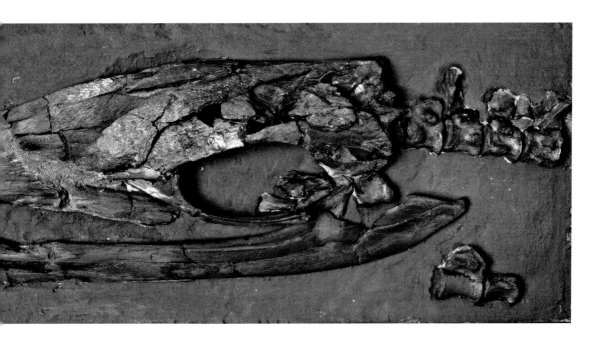

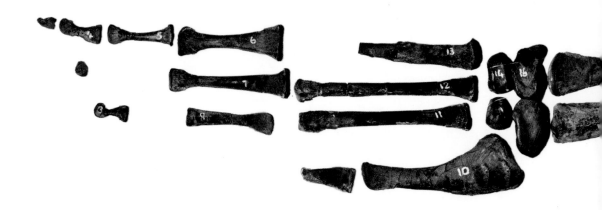

海生鳄的尾巴和蹼足
利兹纤细泳鳄
侏罗纪
1.74亿—1.45亿年前
英国

像船的舵一样，这条鳄鱼的尾巴向下伸展，以引导它在波浪中前进；它的腿已经发展成可以在开阔的海洋中划动的蹼足；它的前鳍比后鳍小得多。

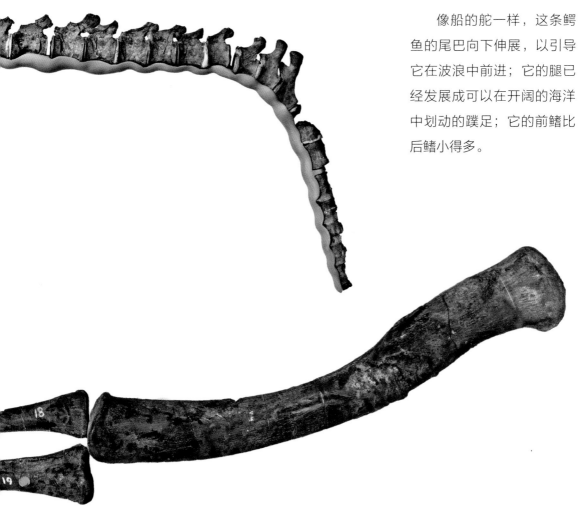

海生鳄的牙
巨达克龙
侏罗纪—白垩纪
1.63亿—1亿年前
英国和德国

以巨型海龟为食的达克
龙是一种巨大的海洋鳄，可
以长到7米长。它们用锋利尖
锐的牙齿抓住猎物，摇晃猎
物把猎物杀死。然后用类似
切锯的动作把大块的肉咬掉。

龟甲
侧胸龟
白垩纪
1.45亿—1.39亿年前
英国

　　人们发现，侏罗纪的海龟在海边游泳，并且会在海滩上产卵，与现在的海龟一样。即使成年以后，它们也从未停止过生长，据悉迄今为止发现的最大的侏罗纪海龟有100岁左右。侏罗纪海龟可能比现在最大的棱皮龟还要大，可以长到3米长！

滑齿龙的颌与牙
残酷滑齿龙
侏罗纪
1.64亿—1.61亿年前
英国

　　滑齿龙是一种凶猛的爬行动物，依靠肺直接呼吸空气，胃口很大，几乎可以吃掉它在侏罗纪海域遇到的所有动物。滑齿龙用布满神经的长鼻子来感知水中猎物的行动，可以探测到运动肌肉发出的微小电信号。它们的牙齿可以长到霸王龙牙齿的两倍长。就像现在的鳄鱼一样，当滑齿龙失去一颗牙齿时，就会长出一颗新的牙齿。当滑齿龙游泳时，肋骨支撑着其腹部，在它们饱餐一顿之后，肋骨的支撑是特别重要的。

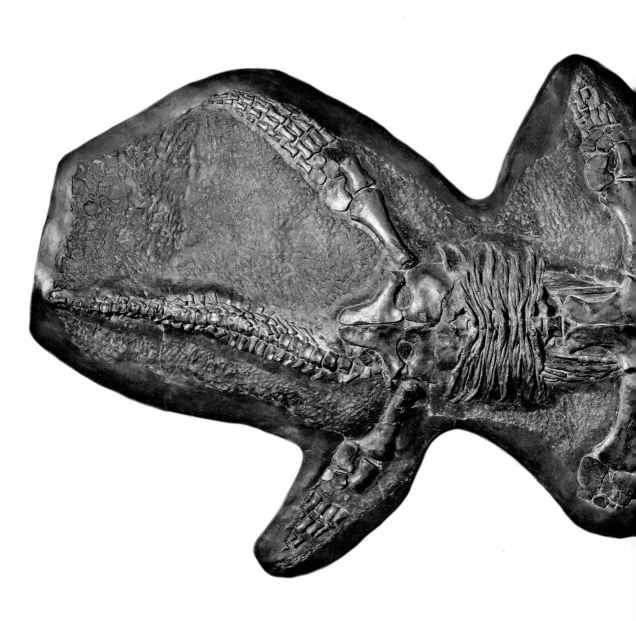

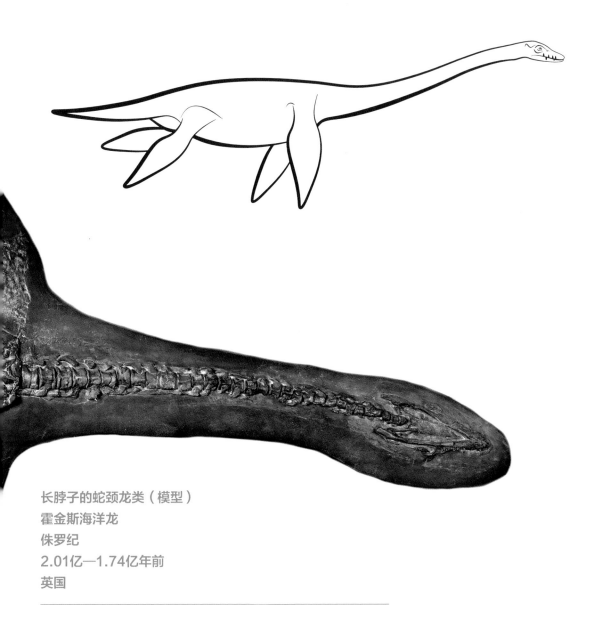

长脖子的蛇颈龙类（模型）
霍金斯海洋龙
侏罗纪
2.01亿—1.74亿年前
英国

　　蛇颈龙类用它们的鳍状肢在水中疾速游过，就像现在的海龟用它们的鳍状肢游动一样。当它们潜入水中时，会张开鼻孔闻水下的气味。这使得它们能够通过检测水中微量的化学物质来确定猎物的位置，而这些化学物质可以帮助它们嗅出血液的味道。蛇颈龙类的脖子最长几乎可达到长颈鹿脖子的4倍长。

蛇颈龙类的鳍状肢
宽肢浅隐龙
侏罗纪
1.64亿—1.61亿年前
英国

就像人类的手一样，蛇颈龙的鳍状肢也有5排骨头。人的手指是分开的，但蛇颈龙的"手指"被放在一个大的鳍状肢里。当蛇颈龙想要达到短暂的爆发速度时，它们会在同一时间将4个脚蹼向下推。

化石粪便
未知物种的粪化石
侏罗纪
2亿—1.9亿年前
英国

你能看到这块化石便便表面闪亮的黑色斑点吗？这些是鱼身上的鳞片，说明这种动物吃了鱼，但是却不能消化鱼鳞。

蛇颈龙类
铃木双叶龙
白垩纪
8500万—8400万年前
日本

　　这种蛇颈龙长长的脖子会使它们更容易迷惑猎物。想象一下，当你看到一只蛇颈龙径直向你游来时，你只能看到它的小脑袋。但是，脑袋后面隐藏着又长又壮的脖子和非常大且有力的身体。蛇颈龙的"菜单"上有鱼类，以及类似牡蛎和贻贝的贝类，在它们的胃里发现了这些生物的残骸。蛇颈龙类在水下有很好的听觉，它们的耳骨愈合在一起，使得声波的振动得以传播。这使它们在发现猎物方面具有优势，同时又能听到天敌的声音，避免被它们靠得太近。

　　这只蛇颈龙死后，它的尸体被鲨鱼吃掉了。小小的痕迹表明鲨鱼的牙齿从骨头上撕下了肉。在其前鳍状肢上部的骨头上，以及它的脖子和背部都发现了咬痕。像这样的蛇颈龙在侏罗纪之后的海洋中依然繁衍生息了很长时间。它们与恐龙同时灭绝——约6600万年前。

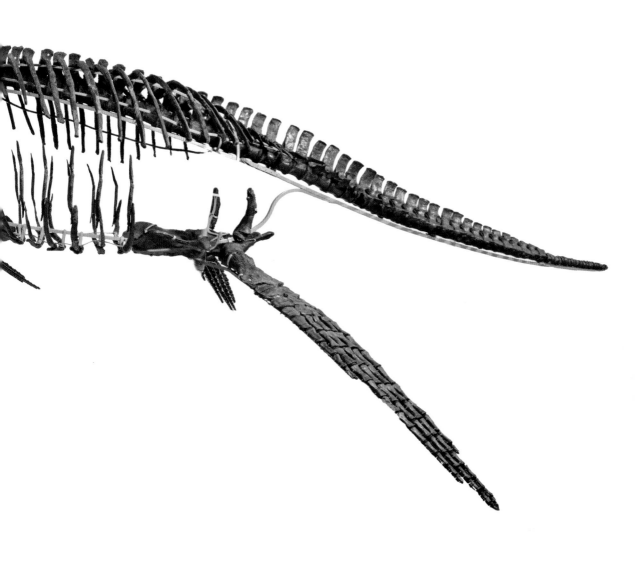

海洋霸主

现在我们离开侏罗纪，走到几百万年后的白垩纪。爬行动物的统治仍在继续，但许多物种消失了，新的物种开始出现。鱼龙类和蛇颈龙类不再是顶级捕食者，另一种凶猛的爬行动物开始统治海洋——沧龙类。

当像雷克斯暴龙这样的大型食肉恐龙在陆地上横行时，沧龙控制了地球上的海洋。这些可怕的海洋爬行动物是蛇和蜥蜴的近亲，可以长到15米长。它们锋利的牙齿能咬碎遇见的任何东西，甚至它们自己的小个头成员也在其菜单上。这些令人生畏的海洋爬行动物利用双关节的颌（注：与沧龙类有着较近亲缘关系的现生巨蜥超科也有着类似的颌，除了正常的上下颌的关节连接，下颌的前部和后部也有一个可以相对进行活动的关节，因此称为双关节），可以轻而易举地吞下大型猎物，将鱼和潜水的海鸟整个吞下。

它们成功地统治了白垩纪海洋的一个原因可能是它们多样化的能力——这些巨型爬行动物有30种不同的类型。它们的每一种类都是一种特化的猎人，全副武装，随时准备攻击自己选择的猎物。有些沧龙有着像海王龙一样强壮锋利的牙齿，用来捕捉大鱼和其他海洋爬行动物。另一些则有细长的尖牙，非常适合捕捉较小的快速游动的鱼，而圆形的球形牙齿可以压碎软体动物。

另一个原因似乎也有利于沧龙类统治海洋。在晚白垩世，全球气温达到峰值，导致海水变暖，海平面上升。随着新的内陆海的形成，这种气候变化很可能使沧龙得以在新的海洋栖息地定居，而内陆海也会成为其他海洋爬行动物的家园。沧龙抓住了这个机会，它们再也不用和鱼龙分享海洋了。鱼龙虽然成功地生活了1.6亿年，但最终还是无法适应温度的剧烈变化。它们的灭绝在海洋生态系统中造成了一个缺口，沧龙类很快填补了这个缺口。

在白垩纪末期，甚至出现了一些适应在淡水中生活的沧龙，它们成功地成了主要的掠食者。它们开始强行闯入鳄鱼生活的栖息地。但不幸的是，沧龙的统治是短暂的。它们在6600万年前那场消灭了恐龙的大灭绝事件中也灭绝了。伴随着沧龙的灭绝，最后的蛇颈龙也消失了，最终结束了爬行动物的统治。

沧龙头骨

沧龙的颌
海王龙
白垩纪
8500万—7800万年前
美国

当猎物在死亡的痛苦中挣扎时，尖利的牙齿能够让这只沧龙强壮有力的颌紧紧地咬住猎物。具有双关节的颌能够张开得足够大，可以让它吞下鱼和潜水的海鸟。沧龙的菜单上甚至有沧龙中的小成员。

沧龙的牙齿和鱼骨头
沧龙和矛齿鱼
白垩纪/古近纪
6800万—6500万年前
摩洛哥

　　沧龙有锋利的牙齿用来
捕捉有鳞的鱼。某些种类的
沧龙有特别坚硬的牙齿，用
来打碎美味的菊石的壳。在
白垩纪的海洋中，这些巨大
的爬行动物有超过30种，每
一种都成了它们选择的猎物
的针对性猎手。

沧龙头骨（模型）
板果龙
白垩纪
8800万—8400万年前
美国

　　这种体形较小的沧龙，敏捷得像游泳运动员，能长到令人印象深刻的4米长。它们用两种牙齿紧紧地咬住猎物，用强有力的尖牙将肉撕开，而在其上颚的较小的牙齿负责保证猎物不会动。

今天的海洋爬行动物

6600万年前，一颗小行星撞击地球，地球上3/4的动植物灭绝了。这颗小行星撞击地球事件导致了气候的急剧变化，引发海啸使海水淹没了陆地，巨大的尘埃云挡住了阳光。大多数海洋爬行动物和恐龙一起灭绝了。但是，有些海洋爬行动物存活下来并继续繁衍生息，这意味着今天你仍然有机会在海洋中看到那时存活下来的某种海洋爬行动物的后代。

如今生活在海洋中的海龟是那些幸存下来的海龟的后代。其他海洋爬行动物，如蛇、蜥蜴和鳄鱼后来也进入海中，因为陆地爬行动物发现了进入海洋的途径。

虽然海洋爬行动物在侏罗纪统治了海洋，但现在适应海洋环境的爬行动物只有大约100种。现在生活在淡水河流和湖泊中的爬行动物比生活在海洋中的要多。在这些海洋爬行动物中，海蛇占大多数，共有80个不同的种类，其余的则是鳄鱼、海龟和蜥蜴。

尽管侏罗纪的爬行动物比今天人们发现的任何一种都要大得多，但水里仍然是最大的爬行动物的家园。咸水鳄是目前最大的爬行动物，长达7米。泽巨蜥是世界上最长的蜥蜴，迄今为止人们发现的最大的蜥蜴的长度是成人身高的两倍！

在侏罗纪，许多爬行动物只生活在水中，如鱼龙、蛇颈龙和一些海洋鳄鱼。它们在水中进食，在水中分娩，只会浮到水面呼吸。如今一些海洋爬行动物可以生活在海水和淡水中，如咸水鳄和泽巨蜥。

虽然名字带有"咸"字，但咸水鳄仍可以生活在淡水中，并在陆地上晒太阳。它们能够同时在淡水和咸水中生存的能力开辟了更大的狩猎场。在加拉帕戈斯，海鬣蜥生活在陆地上，但它们的食物完全依赖海洋——海藻。这些蜥蜴经常被盐覆盖，因为皮肤上的海水在阳光下会蒸发。但是，一些海洋爬行动物仍然在水里度过它们的一生。有些海蛇甚至在水中生下幼蛇，就像侏罗纪的鱼龙和蛇颈龙一样。

尽管现在不同种类的海洋爬行动物比侏罗纪时期的种类要少得多，而且要小得多，但这些有鳞的食肉动物仍然令人难以置信。它们仍然是海洋生态系统的重要组成部分。

海鬣蜥

棱皮龟
现代
印度洋和太平洋

———————————

　　看起来就像它们侏罗纪时期的祖先在两亿年前所做的那样，棱皮龟可能只有那些祖先的一半大小，但它们是现在活着的最大的海龟。作为神奇的游泳者，它们能够穿越整个海洋去寻找它们最喜欢的食物——水母。棱皮龟的名字来源于其柔软、坚韧的壳。

棱皮龟
现代
热带和亚热带海洋

棱皮龟能屏住呼吸好几个小时，这使得它们可以潜到1200米深的海水中寻找水母。棱皮龟的嘴上长满了尖刺，而不是牙齿。它们把水母困在尖刺里，直到胃里有足够的空间消化水母。

咸水鳄
湾鳄
现代
印度

　　所有生活在侏罗纪的海洋鳄鱼都灭绝了。现在地球上的咸水鳄是由生活在陆地上的鳄鱼进化而来的。咸水鳄是目前世界上最大的爬行动物，咬合力非常强，是能在海里生活的鳄鱼之一。咸水鳄通过发出不同的咕噜声来互相交谈。当它们发现威胁时，会发出嘶嘶声。但是，如果雄性正在吸引配偶，它们会发出低沉的隆隆声。当它们捕猎时，会潜伏在水下，只有眼睛和鼻孔露出水面，时刻准备抓住猎物将其淹死。

青环海蛇
现代
伊朗

在侏罗纪时期，蛇不生活在海洋中，但是，现在它们是最常见的海洋爬行动物。这条海蛇体表的条纹图案是对捕食者的警告——它们会造成危险的咬伤。当它们在珊瑚礁中捕食鳗鱼和其他鱼类时，会向猎物体内注入毒液使猎物眩晕，这样它们就可以把猎物整个吞下。大多数蛇都产卵，但是雌性青环海蛇会生下幼蛇。像大多数海蛇一样，它们一生都在水里度过。

BMNH 1887
Hydrophis cyanocinctus
Daudin, 1803

Country: Iran
Locality: Bushire

海鬣蜥
现代
加拉帕戈斯群岛

————————————

　　成群结队地生活在加拉帕戈斯群岛的海岸边，海鬣蜥已经进化成唯一依赖海洋获取食物的蜥蜴。这些温和的植食性动物用尖尖的牙齿从岩石上刮藻类吃。

海鬣蜥
现代
加拉帕戈斯群岛

　　海鬣蜥在海洋中待的时间很长，会摄入过多的盐。它们的身体中有一个特殊的腺体，可以清除血液中多余的盐。为了排出盐分，海鬣蜥会把盐从鼻子里喷出来。

泽巨蜥
圆鼻巨蜥
现代
马来西亚

　　大多数巨蜥生活在陆地上，但圆鼻巨蜥已经适应了海中的生活，成了优秀的"游泳运动员"。这些冷血的爬行动物通过拍打尾巴在海里活动。这使它们得以在印度洋的许多岛屿上建立"殖民地"。由于其牙齿具有毒性，巨蜥几乎可以吃任何东西，包括海龟甚至小鳄鱼。它们甚至从动物死后的尸体上觅食。

今天的海洋巨人

随着侏罗纪时期巨大的海洋爬行动物的消失，另一种食肉动物填补了它们留下的空白。冲破水面的鲸是最大的海洋哺乳动物，它们成为顶级捕食者的旅程与在它们之前亿万年的侏罗纪海洋中的爬行动物的旅程非常相似。它们都是从陆地动物进化来的，经过千百万年的演化，它们逐渐适应了海洋中的生活。那么，哺乳动物是如何统治这片水域的呢？侏罗纪时期，小型哺乳动物与恐龙共同生活在地球上，其中一些甚至有一部分时间在水中度过。如今统治海洋的巨鲸是由最初生活在陆地上，但后来生活在海里的小型四足哺乳动物进化来的。经过千百万年的进化，这些哺乳动物适应了海洋中的生活。

鲸的祖先在海岸边捕猎鱼类，但最早的鲸看起来更像如今生活在海洋中的鲸。它们的后腿几乎不见了，取代前腿的是脚蹼。它们能在水下听到声音，只吃其他海洋生物。这些早期的鲸在海中度过了一生，甚至在水中产下并喂养它们的幼崽。令人惊奇的是，从陆地动物到海洋动物的转变，鲸仅仅用了1000万年。

这些完全水生的海洋哺乳动物与侏罗纪掠食性海洋爬行动物有何不同？与海洋爬行动物不同的是，大多数早期海洋哺乳动物有4个共同特征，并且它们的后代保留至今。它们都有光滑的皮肤或皮毛，而不是鳞片；海洋哺乳动物会直接生下幼崽，它们会一直照顾幼崽到它们能自理为止；与现今生活在海洋中的海洋爬行动物不同，海洋哺乳动物是温血动物；它们的骨骼一到成年就停止生长。但和海洋爬行动物一样，它们是呼吸空气的动物。所有的鲸、海豚和鼠海豚都必须在潜水间隙浮出水面，通过气孔呼吸。

无论大小，鲸、海豚和鼠海豚都成功地适应了海洋环境，鱼雷状的身体可以帮助它们在水中轻松游动。在它们的皮肤下，强大的结缔组织将它们的肌肉、肌腱、骨骼和脂肪连接在一起，形成这种水动力形状。但它们仍然需要动力才能去想去的地方。为了做到这一点，它们用强壮的尾巴和两个三角形的鳍（称为尾鳍）推动自己前进。

作为大自然的伟大成就之一，这些强壮的完全水生的海洋哺乳动物继续在海洋中繁衍生息。如今海洋中大约有85种鲸、海豚和鼠海豚，包括有史以来最大的动物——蓝鲸。蓝鲸重达惊人的180吨，是真正的海洋巨人。它比侏罗纪温暖的浅海中存在的任何动物都要大得多，这不禁让人想知道未来海洋中的动物可能进化成什么样。

虎鲸跃出水面，圣胡安群岛，美国

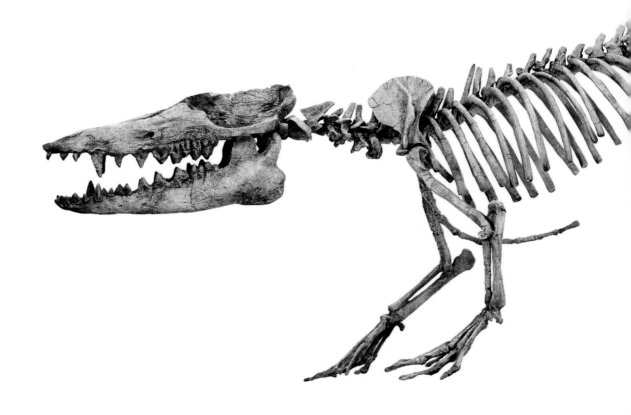

鲸鱼祖先（模型）
巴基鲸
古近纪
5000万年前
巴基斯坦

在现代鲸出现的数百万年前，它们的祖先看起来就像图中这样的。巴基鲸是一种四足有蹄哺乳动物，在陆地上生活和狩猎。巴基鲸的耳朵在陆地和水下都能听得见声音，有时会到海里捕鱼。

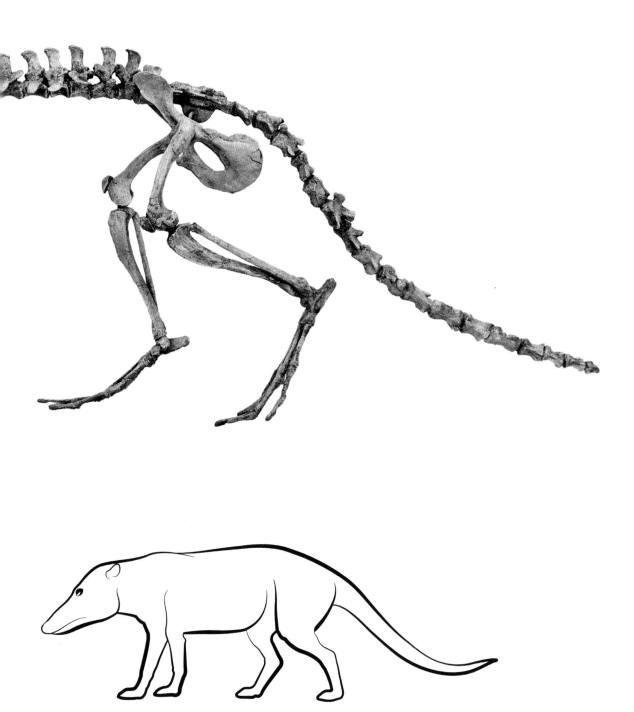

矛齿鲸（模型）
古近纪
4000万年前
埃及

　　最早看起来像现代鲸的哺乳动物之一是矛齿鲸。矛齿鲸的后腿很小，在水中用其宽大的尾鳍推动自己向前游。经过数百万年的进化，鲸变得更适应游泳。这头早期的鲸在海中度过了所有的时间，甚至在海中生下了自己的孩子，就像今天的鲸一样。矛齿鲸的鼻孔位于头骨顶部，而不是在鼻尖，就像侏罗纪海洋爬行动物（如鱼龙或蛇颈龙）一样。这意味着它们在换气时不必把整个头露出水面。

　　你能看到这头远古鲸的后腿吗？渐渐地，经过数百万年的进化，后腿几乎消失了（因为在水中不需要）。同时，矛齿鲸的前腿慢慢改变了形态，变成了方便游泳的鳍状肢。

矛齿鲸的牙齿
矛齿鲸
古近纪
4000万年前
埃及

矛齿鲸的尖牙非常适合捕鱼。和生活在亿万年前侏罗纪的鱼龙的饮食习惯类似，这种早期的鲸进化出了尖利的牙齿。

矛齿鲸的脑（天然内模）
矛齿鲸
古近纪
4000万年前
埃及

　　尽管与身体相比相对较
小，但这种早期鲸的大脑仍
然比侏罗纪时期存在的任何
海洋爬行动物的大脑大得多。

早期鲸头骨（模型）
亨氏简君鲸
古近纪
2500万年前
澳大利亚

这头早期鲸有很大的
牙齿用来咬住猎物，但是
与简君鲸亲缘较近的物种
却没有牙，取而代之的是
一个毛茸茸的过滤器，可
以在海水冲过这些鲸须时
将水中的食物滤出。

虎鲸头骨
虎鲸
现代
英国

　　这头雌性虎鲸尖利的牙齿非常适合抓住和撕咬猎物。作为当今海洋的顶级捕食者，虎鲸享受着丰富多样的饮食，就像亿万年前侏罗纪海洋的顶级爬行动物捕食者所做的那样。

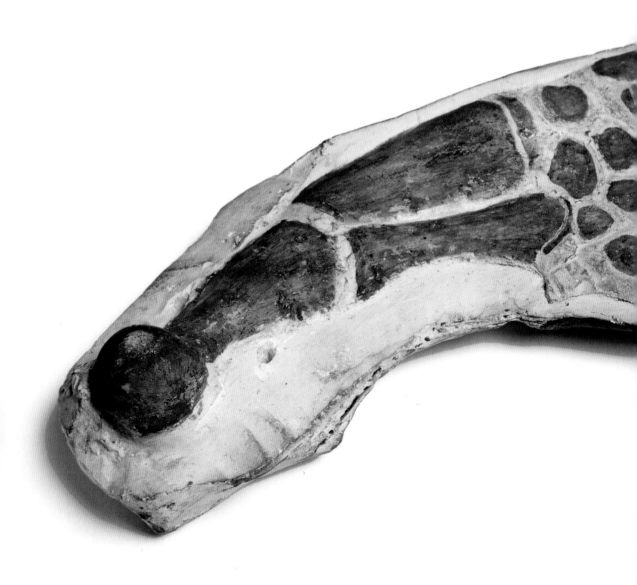

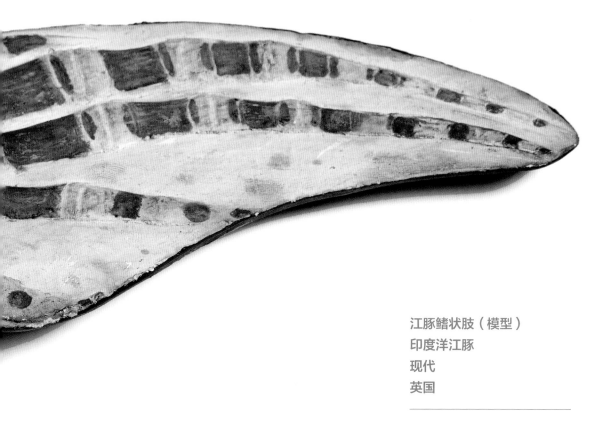

江豚鳍状肢（模型）
印度洋江豚
现代
英国

你能数出它有几排骨头吗？这只江豚有5排骨头，和人类的手掌一样。但是人的手指是分开的，而江豚的"手指"在一个鳍状肢里是连在一起的。所有海洋哺乳动物都有5根"手指"，因为它们是从同一个祖先进化而来的。

亿万年来，地球上的海洋一直是许多不同生物的家园。侏罗纪的巨型海洋爬行动物可能早已消失，但如今海洋中生活着无数其他海洋动物。通过保护海洋，可以让海洋继续成为地球上一些最不可思议的动物的家园。

绿海龟和四线笛鲷游过礁石，
印度尼西亚

致谢

感谢如下人员和机构允许本书使用他们的图片：

p.2/3 ©Michele Westmorland/naturepl.com;
p. 15 ©Pete Oxford/naturepl.com; pp.18/19 ©Doug
Wechsler/naturepl.com; p.29 ©Andy Murch/Visuals
Unlimited, Inc/Science Photo Library; p.55 ©Peter
Scoones/Science Photo Library; p.57 ©Alex Mustard/
naturepl.com; pp.68/69 ©Aflo/naturepl.com; p.106
©Jurgen Freund/naturepl.com; p.107, Mdomingoa
[CC BY-SA 4.0https://creativecommons.org/licenses/
by-sa/4.0)] via Wikimedia Commons; p.108 ©Mike
Parry/naturepl.com; p.111 ©June Jacobsen/istock;
p.115 ©Hiroya Minakuchi/Minden/naturepl.com;
pp.126/127©Georgette Douwma/Science Photo
Library.

Front and back cover: 'Leviathan'. The greatest
predators in the Jurassic oceans were pliosaurs,
some of which grew over 12 m (39¼ ft) in length.
Here an enormous *Pliosaurus* lunges forward to
capture and swallow a *Cryptoclidus* whole. Above
this attack are four large fish, called *Pachycormus*,
and below swim ammonites, *Pectinates*, and a shoal
of belemnites, *Belemnoteuthis*. © Bob Nicholls/
Paleocreations.com 2020

感谢以下专业人士对本书内容的帮助：Dr Zerina
Johanson, Science Coordinator (Merit Researcher),
Dr Martha Richter, Lead Scientist (Principle Curator
in Charge, Vertebrates) and Dr Aubrey Roberts,
Scientific Associate at the Natural History Museum,
London.

First published by the Natural History Museum, Cromwell
Road, London SW7 5BD
Copyright © The Trustees of the Natural History Museum,
London, 2020
This Edition is published by Publishing House of Electronics
Industry by arrangement with The Natural History Museum,
London through Rightol Media.

本书中文简体版专有出版权由锐拓传媒（Email: Copyright
@rightol.com）授予电子工业出版社，未经许可，不得以
任何方式复制或抄袭本书的任何部分。

版权贸易合同登记号　图字：01-2022-2967

图书在版编目（CIP）数据

古老的海洋：化石知道生命的答案／（英）洛蒂·多德威
尔（Lottie Dodwell），（英）苏珊·福尔摩斯（Susan Holmes）
著；郭昱译. --北京：电子工业出版社，2022.7
ISBN 978-7-121-43583-6

Ⅰ.①古… Ⅱ.①洛… ②苏… ③郭… Ⅲ.①海洋生物
－古生物－少儿读物 Ⅳ.①P736.22-49

中国版本图书馆CIP数据核字（2022）第093078号

责任编辑：苏 琪　　特约编辑：刘红涛
印　　刷：天津画中画印刷有限公司
装　　订：天津画中画印刷有限公司
出版发行：电子工业出版社
　　　　　北京市海淀区万寿路173信箱　邮编：100036
开　　本：787×1092　1/16　　印张：8　字数：91.35千字
版　　次：2022年7月第1版
印　　次：2022年7月第1次印刷
定　　价：108.00元

　　凡所购买电子工业出版社图书有缺损问题，请向购买
书店调换。若书店售缺，请与本社发行部联系，联系及邮
购电话：（010）88254888，88258888。
　　质量投诉请发邮件至zlts@phei.com.cn，盗版侵权举报
请发邮件至dbqq@phei.com.cn。
　　本书咨询联系方式：（010）88254161转1865，suq@
phei.com.cn。